全民应急知识丛书 学生篇

QUANMIN YINGJI ZHISHI CONGSHU XUESHENGPIAN

小学生安全应急避险指南

XIAOXUESHENG ANQUAN YINGJI BIXIAN ZHINAN

中国安全生产科学研究院 组织编写

中国劳动社会保障出版社

图书在版编目（CIP）数据

小学生安全应急避险指南/中国安全生产科学研究院组织编写. -- 北京：中国劳动社会保障出版社，2018
（全民应急知识丛书. 学生篇）
ISBN 978-7-5167-3516-9

Ⅰ. ①小…　Ⅱ. ①中…　Ⅲ. ①安全教育 - 少儿读物　Ⅳ. ① X956-49

中国版本图书馆 CIP 数据核字（2018）第 129809 号

中国劳动社会保障出版社出版发行
（北京市惠新东街 1 号　邮政编码：100029）
*
中国铁道出版社印刷厂印刷装订　新华书店经销
880 毫米 × 1230 毫米　32 开本　2 印张　25 千字
2018 年 9 月第 1 版　2019 年 10月第 3 次印刷
定价：12.00 元

读者服务部电话：（010）64929211/84209101/64921644
营销中心电话：（010）64962347
出版社网址：http://www.class.com.cn

《小学生安全应急避险指南》编委会

主　　任

张兴凯　　吕敬民

委　　员

高进东　　付学华　　杨乃莲

主　　编

张晓蕾

编写人员

张晓蕾	张　洁	杨乃莲	张晓学
陶汪来	王宇航	时训先	陈建武
毕　艳	毕雅静	冯彩云	王海燕

序 言

学生是国家的未来，是社会进步、国家昌盛的希望，因此，学生的安全问题一直以来备受社会各界关注，更是学校各项工作的重中之重。

近年来，虽然学生的安全问题整体有所改善，但受学生自身特点差异、安全意识不强以及相关管理制度不健全等各种因素影响，不同年龄段学生的安全问题仍然较为复杂。据教育部有关资料统计，在中小学生的各类安全事故中，交通和溺水事故占全年中小学各类安全事故总数的50% 左右，造成的学生死亡人数超过全年事故死亡总人数的 60%。在职业院校的各类事故中，顶岗实习事故多发频发。学生安全问题的日益突出引起了党中央、国务院的高度关注。国家和各级政府相继出台了一系列关于学生安全的法律法规和规章制度，对学生日常学习和生活中的安全注意事项提出了明确要求，并将每年 3 月份最后一周的周一定为“全国中小学生安全教育日”。中央领导同志就职业院校学生实习安全问题批示相关部门进行调研，提出解决办法，以保障职业院校学生的合法权益。可见，学生的安全工作任重道远。

面向学生群体普及安全应急避险和自护、自救、逃生等知识，增强学生的自我安全保护意识，提高学生应对突发事件的应急避险能力，是全社会的责任。为此，中国安全生产科学研究院组织有关专家编写了“全民应急知识丛书”(学生篇)，其中包括《小学生安全应急避险指南》《中学生安全应急避险指南》和《职业院校学生安全应急避险指南》三册。这套丛书针对不同年龄段学生的特点及不同的安全事故类型制定了详细的安全防范和应急避险措施，始终坚持实际、实用、实效的原则，力求做到内容通俗易懂、形式生动活泼，能够让学生们在快乐中掌握安全知识。

我们坚信，通过学校、家长、学生以及全社会的共同努力和通力配合，向学生们宣传普及安全健康知识和应急避险措施的科学方法，学生的安全意识和自我保护能力必将得到提高，学生的安全问题必将得到改善，每位学生都能收获一个健康、平安、精彩的未来！

编者

2018 年 8 月

目 录

MuLu

一、小学生安全现状

二、主要责任方安全职责

三、小学生安全事故防范与应急避险措施

四、典型案例

五、自检卡

一、小学生安全现状

Xiaoxuesheng Anquan Xianzhuang

小学生安全现状

1. 小学生安全现状分析
2. 小学生安全事故原因分析

1. 小学生安全现状分析

少年儿童是祖国的未来，小学生安全问题一直受到社会各界关注。近年来，小学生安全问题虽整体有所改善，但安全事故仍时有发生，有些还相当严重。

据教育部有关资料表明，中小学各类安全事故中，溺水和交通事故约占全年中小学各类安全事故总数的 50% 左右，造成的学生死亡人数超过全年事故死亡总人数的 60%；其余 50% 为群体活动、欺凌、暴力、自然灾害、食品安全、触电、火灾及踩踏等。

小学生安全事故发生的特点是：校外高于校内；农村高于城市；小学高于中学；节假日高于平日。事故多发地点集中在上下学路上、江河水库和学校周边。

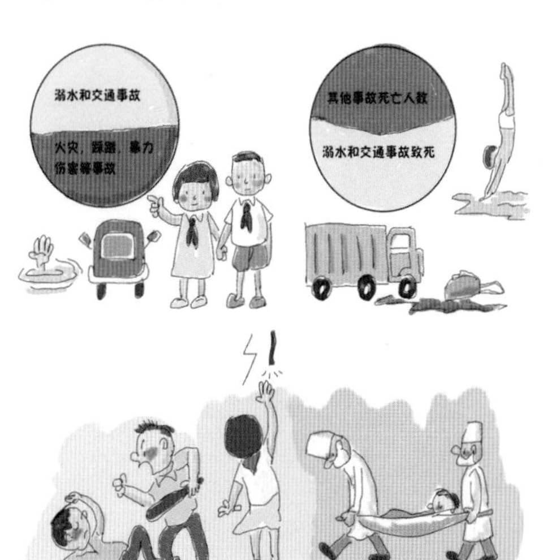

2. 小学生安全事故原因分析

小学生安全事故除与其心智成长发育阶段存在的活泼好动、充满好奇心，且缺乏安全意识和自我保护能力有关，还与学校、家长、社会的教育和监管不到位有关。主要集中在以下几点：

学校安全管理制度不健全，对一些安全隐患未及时发现或处理。

学校和家长结合实际情况开展系统的安全教育做得不够，有的流于形式。

家长在日常生活中缺乏对孩子安全意识和应急避险能力的培养。

老师和家长对孩子情绪变化未及时察觉、沟通和疏导。

有关部门对学校周边交通、治安、商店等影响学生安全和健康的乱象整治不力。

二、主要责任方安全职责

Zhuyao Zerenfang Anquan Zhize

主要责任方安全职责

1. 校方安全职责
2. 家长安全职责
3. 社会安全职责

1. 校方安全职责

加强小学生思想道德教育、法制教育和心理健康教育，养成遵纪守法的良好习惯。

强化、优化校园人防、物防、技防手段，做好校园安全基础性工作。

严格学校日常安全管理，建立健全校内各项安全管理制度和安全应急机制等。

建立学校和家长的联系制度，有问题及早发现、及时干预。

辨识学校及其周边威胁学生安全的主要危险有害因素，积极开展校园及周边综合治理工作，制定并实施有效的安全措施。

加强师德教育，严厉禁止教职工做出侵犯学生权益和影响学生身心健康的行为。

加强学生和教职工安全专题培训，开展事故预防演练。

2. 家长安全职责

提高家长自身修养，言传身教，注重孩子思想品德的教育和良好行为习惯的养成。

加强与学校、孩子沟通，关注孩子情绪变化，及时沟通和疏导。

家长应承担学生在校园外的安全教育、管理和监护责任。

3. 社会安全职责

有关部门在各自职责范围内通力合作，共同做好小学生安全保卫工作。

有关政府部门和群团组织要配合学校、家长（或监护人）共同做好农村学校中留守儿童的监护工作，关心并改善留守儿童在校外的生存状况。

三、小学生安全事故防范与应急避险措施

Xiaoxuesheng Anquan Shigu Fangfan Yu Yingji Bixian Cuoshi

小学生安全事故防范与应急避险措施

1. 安全事故防范与应急避险一般要求
2. 交通事故防范与应急避险措施
3. 溺水事故防范与应急避险措施
4. 群体活动事故防范与应急避险措施
5. 火灾事故防范与应急避险措施
6. 触电事故防范措施
7. 食物中毒防范与应急措施
8. 欺凌、暴力伤害事件防范与应急措施
9. 极端天气防范与应急避险措施
10. 地震应急避险措施
11. 其他方面

1. 安全事故防范与应急避险一般要求

牢记家人电话和报警电话，遇到紧急情况时打电话求救。

记住家庭、学校地址和常走街道的名称，记住周边醒目的标识等。

学会识别易燃易爆、消防器材、用电安全和安全出口等有关标识。

熟悉家庭和学校等常去地方的安全应急通道。

专家提示

报警时应准确描述自己所在位置、遇到的问题和情况。

2. 交通事故防范与应急避险措施

不支持小学生在没有家人陪同下独自乘坐公交车或地铁等，未满 12 周岁的孩子不准在道路上骑自行车。

行走时，应做到：

严格遵守交通规则，横过马路时要按信号指示灯通行：红灯停，绿灯行，黄灯亮时不抢行；无信号灯时应走地下通道、过街天桥，通过设有斑马线的人行横道时，应注意来往车辆。

不要随意在道路上穿行，走路要走人行道，无人行道的地方应靠边走，走路要专心，不可有东张西望等分散注意力的行为。

不要在铁路、高速公路、机动车道等处逗留、玩耍。

不在车前跑，不在车后留，不在车旁站，不在路上玩。

走过街天桥、地下通道要小心台阶，靠右侧行走，不攀爬栏杆。

夜晚不独自出行。

乘校车时，应注意：

- 准时到学校指定的地点候车，听从跟车老师和校车司机的安排。

- 上车时不拥挤、不插队，坐下后系好安全带。

- 乘车过程中，不要大声喧哗、走动，不要把手和头探出窗外。

- 等车停稳后，在跟车老师的引领下依次上下车。

3. 溺水事故防范与应急避险措施

预防溺水事故，小学生应做到：

谨记“六不”：不私自下水游泳；不擅自与他人结伴游泳；不在无家长或老师带领的情况下游泳；不到禁止游泳的水域游泳；不到无安全设施、无救援人员的水域游泳；更不要到急流、漩涡或不熟悉的水域游泳。

遇到溺水者不要贸然下水施救，可在岸边大声呼救。

遵守游泳馆安全须知，游泳前要了解自己是否适宜游泳，在家长或教练的指导下游泳，不要靠近深水区。

不到河、湖、水库等结冰水域走动和滑冰，不到未开放的冰面游玩。

下水前做好准备活动，适应水温后再下水，避免出现抽筋等现象。

不要贸然跳水和在水中嬉戏打闹。

游泳时间不宜过长，最好每半小时休息一次。

一旦发生溺水，要先屏住呼吸，尽量将头后仰，待口鼻露出水面后再呼吸、大声呼救，等待救援。

4. 群体活动事故防范与应急避险措施

群体活动中的安全事故多数发生在课间活动、体育运动、集体出游或联欢活动中。

课间活动时，应做到：

- 有序进出教室，上下楼梯靠右行，不拥挤或互相推搡，防止踩踏。

- 不在教室内追逐打闹、互扔东西，防止被桌椅棱角碰伤、砸伤。

不随意攀爬楼梯扶手或趴在教室窗口、楼道护栏向下张望，防止发生滑脱坠楼事件。

不要站在门边或门后玩耍，以免被门碰伤。

体育运动时，应做到：

听从老师指挥，有序进行各项目的训练或比赛。

运动前做好准备活动，运动后做好放松整理活动。

不随意攀爬运动器材，不在运动器材上做危险动作。

参加器械运动项目的训练和比赛时，要做好安全保护。

训练或比赛过程中发现身体不适，要及时告诉老师，必要时应及时就医。

集体出游或活动时，应注意：

- 听从老师指挥和安排，不单独行动，以免走失。
- 不要在公路、铁路、建筑工地等处逗留、游玩，远离山崖、洞穴及高压电线等。

不乱采摘和乱吃野果等，防止食物中毒。

穿戴合适的衣物，带上防晒及防蚊虫叮咬等必备用品，遇划伤、咬伤、蜇伤时，要及时告知老师或家长。

一旦走失，向工作人员寻求帮助或原地等待。

游乐设施出现异常情况时，要听从工作人员指挥，不要私自解除安全装置。

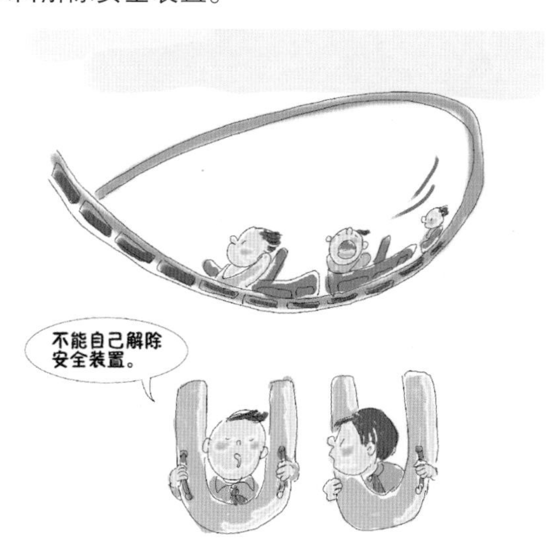

5. 火灾事故防范与应急避险措施

预防火灾事故，要做到：

- 禁止在家中、学校或户外随意点火，以免引发火灾。
- 不携带易燃、易爆物品，发现同学玩火，应立即劝阻制止，并报告老师或家长。
- 火灾发生时，迅速从安全通道撤离，切不可搭乘电梯逃生，更不要盲目跳楼，及时拨打“119”。

烟雾弥漫时，用湿毛巾掩住口鼻呼吸，沿墙壁边，降低姿势，弯腰疾行逃生。

衣物着火时，切勿奔跑，尽可能迅速脱下着火衣服，也可就地打滚把火压灭。

6. 触电事故防范措施

预防触电事故，除要牢记基本安全常识外，还应注意：

家用电器应当在家长的指导下学习使用，对危险性较大的电器不要独自使用。

不随意触摸开关及电器等。

不要用手或其他物品触摸运转的电器（如电风扇）等。

不在空中架有电缆、电线的地方放风筝或进行球类活动。

7. 食物中毒防范与应急措施

为预防食物中毒，应注意：

- 要养成良好的卫生习惯，做到饭前便后勤洗手。
- 在校就餐时做到碗筷专人专用，及时清洗。
- 不在校园周边购买“三无”食品。

不吃不洁净的瓜果、不新鲜和腐败变质的食物。

少吃油炸腌制食品，冷饮要节制。

不因好奇吃来历不明的食物。

遇有身体不适的情况，如恶心、呕吐、腹泻等症状，要立即告知家长或老师。

8. 欺凌、暴力伤害事件防范与应急措施

预防欺凌、暴力伤害事件，应做到：

上下学途中不搭陌生人的便车，不在外逗留，不去僻静的角落或陌生场所等。

学会拒绝不正当要求，不实施、不参与欺凌和暴力行为。

在校内一旦遭受欺凌或暴力伤害时，应及时告诉老师和家长。

在校外遭受欺凌或暴力伤害时，如当时无法报警求助，应大声呼喊向路人求救，事后要及时告诉家长、老师或警察。

遇到同学遭受欺凌或暴力伤害，自己无力阻止时，要及时向老师报告或报警（110）求助。

9. 极端天气防范与应急避险措施

雾霾天气时，尽量少开窗、减少户外活动，外出尽量戴口罩。

雷雨天气时，尽量留在室内，不要外出，不要靠近门窗等金属部位；在野外开阔地时，不要靠近大树、高塔、电线杆等，应尽快寻找低洼地或沟渠蹲下，双手捂住耳朵，头夹在两膝之间。

上下学途中遭遇大风、暴雨等恶劣天气，应就近寻找安全处躲避，以免发生危险。

10. 地震应急避险措施

地震发生时，千万不要惊慌，不要乘坐电梯逃离。

在教室时，要在老师的指挥下迅速抱头躲在各自的课桌下，绝不能乱跑或跳楼，有组织地撤离教室，到就近的开阔地带避震。

在平房时，应迅速向室外空旷场地奔跑；在楼房时，要选择易形成三角空间的地方躲避，如内墙角、卫生间、储藏室、厨房等开间小的地方或桌子、床等坚固家具下。

在室外时，应用手护住头部，避开高大建筑物、高压线、广告牌等，尽快转移至附近空旷地带。

无论在何处避险，如有可能应尽量用棉被、枕头、书包或其他软物体保护好头部。

11. 其他方面

- 依据流行病情况，及时接种疫苗、打预防针。
- 不沉迷于网络游戏，不与素未谋面的网友见面。
- 上下学尽可能结伴而行，不跟陌生人走，不接受陌生人给的物品，尤其不能吃陌生人给的食品。

独自在家应把门锁好，有人敲门时，要通过门镜辨认来人并询问对方身份，电话征得家长同意后再开门。

拒绝他人对自己身体进行不正常的接触，并及时告知家长或老师。

四、典型案例

Dianxing Anli

典型案例

1. 湖北宜昌校车侧翻重大交通事故
2. 云南昆明某小学踩踏事故
3. 广东某小学食物中毒事件

1. 湖北宜昌校车侧翻重大交通事故

湖北宜昌某小学一辆运送学生的客车在宜昌市夷陵区发生侧翻，造成 2 人死亡、10 人受伤。事故发生路段位于山区，因连日阴雨，该路段比较湿滑，且山上有雾，视线不好，车辆在上坡的过程中出现断轴导致方向盘失灵冲下山坡。

事故教训

该事故发生的主要原因是山区路段因连日阴雨，路面湿滑，且山上有雾，视线不好，车辆在上坡过程中出现断轴导致方向盘失灵冲下山坡发生侧翻。

专家提示

恶劣天气减速慢行或暂停承运；车辆要定期维修，保证车况良好。

2. 云南昆明某小学踩踏事故

昆明某小学一、二年级学生午休起床后返回教室上课途中，临时靠墙放置于午休宿舍楼过道处的海绵垫子造成通道不畅，先期下楼的学生在通过海绵垫时发生跌倒，后续下楼的大量学生不清楚情况，继续向前拥挤造成相互叠加挤压，导致 6 名小学生死亡，多人受伤。

事故教训

该起事故主要由于存在以下安全隐患：楼梯狭窄，楼道内堆放海绵垫子未及时清理，加之小学生对事物的好奇心较强，触发危险因素从而引发了踩踏事故，这也是校园安全监督管理工作中不到位的结果。

专家提示

发觉人群向自己涌来时，应立即避到一旁，不要逆着人流前进；若被人群挤倒，身体应保持俯卧姿势蜷成球状，双手在颈后紧扣，两肘支撑地面以保护身体，防止被踏伤；拥挤现场一定要听从指挥，有序撤离。

3. 广东某小学食物中毒事件

广东省佛山市某学校四、五、六年级 500 多名学生午餐后陆续出现腹痛和呕吐现象，老师见状立即向学校反映，随后将感到不适的学生送往医院救治。次日，还有 3 名学生尚未出院。

事故教训

此次中毒事件的发生是因为学生进食了未煮熟、煮透的鱼丸和肉丸，且该校食堂还尚未领取卫生许可证。学校及相关部门应加强对食堂工作的监管力度。

专家提示

学生就餐时，不要吃未煮熟的饭菜，若发现食物未煮熟，要及时告知食堂工作人员；同时，相关部门要加强对学校食堂的监管。

五、自检卡

Zijianka

自检卡

（可多选）

1. 遇到火灾事故时，应及时拨打 ____ 求救。

A.119　　B.122　　C.120　　D.999

2. 遇到交通事故时，应及时拨打 ____ 求救。

A.119　　B.122　　C.120　　D.999

3. 横过马路时要遵循交通规则，按照信号指示灯通行 ____。

A. 红灯停，绿灯行，黄灯亮时等一等

B. 红灯停，绿灯行，黄灯亮时快速通过

C. 红灯行，绿灯停，黄灯亮时等一等

D. 红绿灯任何一个亮都可通行

4. 在无交通信号灯的地方行走时，应当 ____。

A. 走地下通道

B. 走过街天桥

C. 在设有斑马线的人行横道通过

D. 靠边行走

5.《道路交通安全法实施细则》规定，在道路上骑自行车必须满 ____ 岁。

A.6　　B.8　　C.12　　D.16

6. 乘坐校车时，下列做法错误的是 ____。

A. 听从跟车老师和校车司机的安排

B. 不拥挤、不插队

C. 不要把手和头探出窗外

D. 更换下车地点

7. 预防溺水事故，小学生应做到 ____。

A. 不私自下水游泳，不擅自与他人结伴游泳

B. 不在无家长或老师带领的情况下游泳

C. 不到禁止游泳的水域游泳

D. 不到无安全设施、无救援人员的水域游泳

8. 遇到溺水者，以下做法正确的是 ____。

A. 如果会游泳，立即下水施救

B. 在岸边大声呼救

C. 往水中扔漂浮物

D. 叫上同伴一起尝试将其救上岸

9. 一旦发生溺水，以下做法错误的是 ____。

A. 屏住呼吸

B. 尽量将头后仰

C. 四肢用力挣扎激起水花，以便被人发现

D. 口鼻露出水面大声呼救，等待救援

10. 课间活动时，要注意 ____。

A. 上下楼梯靠右行

B. 不在教室、楼道追逐打闹

C. 不攀爬楼梯扶手

D. 不站在门边或门后玩耍

11. 集体出游时，以下做法错误的是 ____。

A. 结伴行动

B. 不在山崖、洞穴及高压电线附近逗留

C. 采摘干净的野果食用

D. 遇划伤、咬伤时及时告知老师、家长

12. 发生火灾时，以下做法错误的是 ____。

A. 保持冷静，听从有关人员指挥

B. 迅速从安全通道撤离

C. 不盲目跳楼

D. 迅速乘坐电梯逃生

13. 火灾逃生时，正确的做法是 ____。

A. 用湿毛巾掩住口鼻呼吸

B. 沿墙壁边，采取低姿势弯腰疾行

C. 匍匐前进

D. 衣物着火就地打滚

14. 面对电器设备，小学生应注意 ____。

A. 不用湿手触摸开关

B. 不要用手或其他物品触摸运转的电扇

C. 不在空中架有电缆、电线的地方放风筝

D. 电器着火，立即用水扑救

15. 面对欺凌、暴力伤害，小学生应 ____。

A. 拒绝不正当要求

B. 一旦遭受欺凌及时告诉老师、家长

C. 遇到同学遭受欺凌伤害时，上前制止

D. 遇到同学遭遇欺凌，及时向老师、路人或警察求助

16. 雾霾天气，应当 ____。

A. 少开窗

B. 减少户外活动

C. 外出戴口罩

D. 多喝水增强抵抗力

17. 遇雷雨天气时，应当 ____。

A. 尽量留在室内，不外出

B. 不要靠近门窗等金属部位

C. 在大树、高塔、电线杆等处躲雨

D. 寻找低洼地蹲下，双手捂住耳朵

18. 地震发生时，应在 ____ 躲避。

A. 课桌、床下

B. 高大建筑物、高压线、广告牌下

C. 墙角处

D. 空旷地带

19. 地震发生时，下列做法正确的是 ____。

A. 保持镇静，听从老师指挥

B. 迅速向室外的空旷地带奔跑

C. 用手或书包护住头部

D. 从楼梯迅速撤离，不乘坐电梯

20. 下列选项中，属于正确的自我保护的方法是 ____。

A. 不跟陌生走，不接受陌生人给的物品

B. 不给陌生人开门

C. 拒绝他人对自己身体进行不正常的接触

D. 受到侵害时保持沉默，防止被打击报复

答 案

1.A	2.B	3.A	4.ABCD
5.C	6.D	7.ABCD	8.BC
9.C	10.ABCD	11.C	12.D
13.ABD	14.ABC	15.ABD	16.ABCD
17.ABD	18.ACD	19.ABCD	20.ABC